BEI GRIN MACHT SICH IHR WISSEN BEZAHLT

- Wir veröffentlichen Ihre Hausarbeit,
  Bachelor- und Masterarbeit

- Ihr eigenes eBook und Buch -
  weltweit in allen wichtigen Shops

- Verdienen Sie an jedem Verkauf

Jetzt bei www.GRIN.com hochladen und kostenlos publizieren

Jörn Jaschke

Kommunikation in Staatenvölkern am Beispiel der Ameise

GRIN Verlag

Bibliografische Information der Deutschen Nationalbibliothek:

Die Deutsche Bibliothek verzeichnet diese Publikation in der Deutschen National-
bibliografie; detaillierte bibliografische Daten sind im Internet über http://dnb.d-
nb.de/ abrufbar.

Impressum:

Copyright © 2012 GRIN Verlag GmbH
Druck und Bindung: Books on Demand GmbH, Norderstedt Germany
ISBN: 978-3-656-87783-7

Dieses Buch bei GRIN:

http://www.grin.com/de/e-book/287560/kommunikation-in-staatenvoelkern-am-
beispiel-der-ameise

GRIN - Your knowledge has value

Der GRIN Verlag publiziert seit 1998 wissenschaftliche Arbeiten von Studenten, Hochschullehrern und anderen Akademikern als eBook und gedrucktes Buch. Die Verlagswebsite www.grin.com ist die ideale Plattform zur Veröffentlichung von Hausarbeiten, Abschlussarbeiten, wissenschaftlichen Aufsätzen, Dissertationen und Fachbüchern.

Besuchen Sie uns im Internet:

http://www.grin.com/

http://www.facebook.com/grincom

http://www.twitter.com/grin_com

Brillant-Savarin-Schule OSZ Gastgewerbe

Buschallee 23a, 13088 Berlin

Berufsoberschule

Facharbeit im Fach:	Biologie
Klasse:	BOS 11
Thema:	Kommunikation in Staatenvölkern am Beispiel der Ameisen

Name:	Jörn Jaschke

Abgabedatum:	22.11.2012

Inhaltsverzeichnis

1. Einleitung

Die kleinen und fleißigen Arbeiterinnen der Ameisen sind für viele Beobachter faszinierend und lassen uns über ihren Ehrgeiz, ihre Organisation und den Zusammenhalt des Volkes staunen. Doch ohne eine Kommunikation untereinander wäre ein Überleben und ein Erhalt der Art nicht möglich. Um das Thema dieser Facharbeit: „Das Kommunikationsverhalten eines Staatenvolkes am Beispiel der Ameisen", aufzuarbeiten, ist die Anschauung der Bedeutung der Begriffe „Kommunikation", „Staatenvolk" und „Ameisen" notwendig. Außerdem ergeben sich die Fragen nach der Art der Kommunikation, dem Zusammenhalt und der Sozialisation des Staates der Ameisen. Die These dieser Arbeit lautet: *„Ameisen sind in ihrem Staatenvolk fähig zur Kommunikation, aber nicht kommunikativ!"*

Aufgrund der übermäßigen Artenvielfalt und der Verhaltensunterschiede der Ameisen, beschränkt sich diese Arbeit auf eine Gattung der Familie der Schuppenameisen Formicidae, einer Untergruppe der Hautflügler. Hierbei wird sich auf die „Große Rote Waldameise" namens Formica rufa Linnaeus (F. rufa) bezogen. Es werden nur gezielt nähere Verwandte und andere Artgenossen erwähnt. Nachfolgend wird erst auf die Kommunikation und dessen Notwendigkeit in einem Staatenvolk, sowie die morphologischen Merkmale der F. rufa eingegangen. Daran schliesst eine Beschreibung der Grundlagen des Zusammenlebens und eine genaue Untersuchung der Sinnesorgane einer Ameise an.

2. Kommunikation

Um sich mit der Kommunikation von Staatenvölkern auseinanderzusetzen, werden in diesem Abschnitt grundsätzliche Begriffe konkretisiert, welche entscheidend für das weitere Verständnis dieser Facharbeit sind und welche generell einen ersten groben Überblick über die Thematik liefern.

2.1. Allgemeine Definition

Die Kommunikation im Allgemeinen ist ein Prozess „[...] der Übertragung von Nachrichten zwischen einem Sender und einem oder mehreren Empfängern."[1]. Personen tauschen mittels unterschiedlichsten Werkzeugen der Kommunikation Information und Botschaften aus. Zu diesen Werkzeugen zählt neben der Sprache auch

---

[1] http://wirtschaftslexikon.gabler.de/Definition/kommunikation.html, Stand 07.10.2012, 11:31 Uhr

3

die Körpersprache, wie Mimik, Gestik und Blickkontakt.[2] Der Begriff „Kommunikation" wird von dem lateinischen Wort communies abgeleitet und bedeutet „gemeinsam".[3] Nach der von Lasswell aufgestellten Formel zum Prozess der Kommunikation, wird Kommunikation in fünf Elemente aufgeteilt: Sender, Nachricht, Medium, Empfänger und Wirkung.[4] Die abgeleitete Fragestellung lautet: „Wer sagt was durch welches Medium zu wem mit welcher Wirkung?"[5].

In der Biologie findet die Kommunikation ebenfalls zwischen Sender und Empfänger statt. Hierbei strahlt der Sender eine bestimmte Information aus. Diese Information ist in verschlüsselte Signale verpackt und muss vom Empfänger, um die Infomartion zu erhalten, entschlüsselt werden können. Die Information kann „[...] aus einer räumlichen oder zeitlichen Folge von Signalen [...] beim Empfänger eine bestimmte Reaktion [..]"[6] hervorrufen. Ist eine Entschlüsselung der Signale nicht möglich, so erreicht der Sender keinen Empfänger und die Information wird nicht übertragen. Diese Verschlüsselung im Tierreich ist daher von großer und überlebenswichtiger Bedeutung einzelner Arten. So können manche Arten untereinander kommunizieren, ohne von einem Feind wahrgenommen zu werden. Manche Tiere strahlen bewusst falsche Signale aus, um Ihre Beute in einen Hinterhalt zu locken. Wiederum andere Tiere versenden Signale, welche mögliche Feinde abschrecken könnten. Zu den Signalen können farbliche Präsenz, spezifische Bewegungen und akustische Signale zählen.[7]

2.2. Notwendigkeit von Kommunikation in einem Staatenvolk

Die Verständigung und Kommunikation ist eine wesentliche Vorraussetzung für das soziale Leben eines Ameisenstaates. Laut Maeterlinck sind die Ameisen „[...] in Volksverbänden lebende Insekten [...]"[8] und es existiere „[...] keine für sich lebende Ameise."[8]. Die überlebenswichtigen sozialen Verhaltensweisen werden erst durch verschiedene Kommunikationsignale ermöglicht. Für jede Aktivität und Situation gibt es besondere chemische und mechanische Erkennungszeichen.[9,10] Zu sozialen Verhaltensweisen, bzw. gemeinschaftlichen Handlungen, welche von überlebenswichtiger Be-

---

[2] Vgl. http://wirtschaftslexikon.gabler.de/Definition/kommunikation.html, Stand 07.10.2012, 11:59 Uhr
[3] Vgl. Gabler, 2001, S.314
[4] Vgl. http://www.wirtschaftslexikon24.net/d/kommunikation/kommunikation.htm, Stand 07.10.2012, 16:36 Uhr
[5] Noelle-Neumann, Schulz, Wilke, 2009, S.173
[6] Natura, 2005, S.210
[7] Vgl. Natura, 2005, S.210 und S.314
[8] Maurice Maeterlinck, 1930, S.22
[9] Vgl. Klaus Dumpert, 1994, S.41
[10] Vgl. Karl Gösswald, 2012, S.254

deutung sind, fallen „[...] Erkennen von Nestgefährtinnen [...], Zusammenfinden der Geschlechter, Aktivierung von Arbeitsgruppen für bestimmte Aufgaben [..], etwa für Nestbautätigkeit, Nestverteidigung, Nahrungserwerb, Versorgung der erwachsenen und heranwachsenden Ameisen im Nest, [..] Toten- und Abfallbeseitigung und vieles andere."[11].

2.3. Reize und Signale

Die Verhaltensweisen der Ameisen werden, nach Dieter Otto, durch bestimmte Reize definiert und ausgelöst, wobei neben Temperatur, Geruch und Feuchtigkeit, auch jedes Tier selbst auf andere Tiere, aufgrund seiner entsprechenden Handlung durch Hilfe von mechanischen und optischen Signalen, als Reiz wirken kann. Durch diese spezifischen Signale bzw. dieser spezifischen Handlung, vermag die gereizte Ameise bestimmte Verhaltensmuster, bei sich in der Nähe befindenden Stammesmitgliedern, auszulösen. Die Wirkung und Stärke einer Handlung schwankt je nach Intensität und Quantität der Signale und Reize. Wird ein Reiz durch eine Ameise ausgelöst und von anderen erkannt, so wird dieser Reiz mit zunehmender Anzahl der gereizten und spezifisch handelnden Tiere mit verbundener Steigerung der Weitergabe von Reizen, stärker. Diese Ameisen widmen sich dem bestimmten, durch den Reiz definierten, Verhalten und können dadurch wiederum Reize aussenden, welche weitere Stammesmitglieder zur Mitarbeit auffordern könnte. Je mehr Ameisen einem bestimmten Verhalten nachgehen, desto öfter werden dieselben Reize auf die Tiere einwirken und die Handlung im Gesamten verstärken.[12,13] Laut Otto reagiert allerdings nicht jede Ameise gleich auf einen Reiz. Je nach Situation, Ort und Umweltbedingungen vermögen die Ameisen unterschiedliche Präferenzen unter den Reizen zu haben. Somit besteht eine gewisse Individualität unter den Stammesmitgliedern. Eine Außendienstameise ist zum Beispiel nicht sofort bereit bei einer Temperaturänderung im Nest die Puppen des eigenen Stammes in andere höher oder tiefer gelegene Nestkammern zu tragen. Innendienstarbeiterinnen hingegen alarmieren zusätzliche Tiere und reizen zudem durch ihr Verhalten des Puppentransportes weitere Ameisen. Wird die Außendienstameise folgend nur noch auf puppentransportierende Ameisen treffen und wird sie gehäuft denselben Reizen

---

[11] Karl Gösswald, 2012, S.254

[12] Vgl. Dieter Otto, 1971, S. 91

[13] Vgl. Karl Gösswald, 2012, S.254 - 255

ausgesetzt, so begibt auch sie sich zum Transport der Puppen.[14] Als „Die wirkungs-vollste und umfassendste Form der gegenseitigen Information [...]"[15] gelten die che-mischen Signale. Diese Duft- und Geschmacksstoffe ermöglichen große Teile eines Volkes in kürzester Zeit zu einer entsprechenden Handlung zu bewegen. Diese Reiz-situation und „[...] Erregung der Massen [...]"[16] ist, nach Gösswald, als Massenkom-munikationseffekt definiert.[17]

2.4. Massenkommunikation

Die Massenkommunikation betrifft alle Formen der Kommunikation, welche Informati-onen öffentlich an eine nicht „[...] begrenzte, personell definierte Empfängerschaft [...]"[18] vermittelt. Bei der Massenkommunikation sind „[...] die Übergänge zwischen In-dividualkommunikation und Massenkommunikation [..] fließend."[19]. Es kann ein breites und zerstreutes Publikum erreicht werden.[20,21] Zudem ist es möglich Umwelteinflüsse zu vermitteln und eine „[...] starke Aufmerksamkeit und Aktualität für ein Angebot zu erzeugen."[18]. Die Erregung in einem Staatenvolk, welche solch eine Massenbewegung auslöst, ist nach Otto „[...] nicht aus einer allgemein auf alle Tiere gleichzeitig und gleichartig wirkenden Reizsituation [...]"[22] zu resultieren. Vielmehr veranlassen wenige Arbeiterinnen, aufgrund ihres Verhaltens und den dadurch ausgestrahlten Signalreizen, die Massenerregung. Werden die Tiere, welche kurz davor stehen, solch eine Erregung auszulösen, weggefangen, so bleibt die gesamte Massenerregung aus.[23]

---

[14] Vgl. Dieter Otto, 2005, S.103 - 105

[15] Karl Gösswald, 2012, S.255

[16] Dieter Otto, 1971, S.92

[17] Vgl. Karl Gösswald, 2012, S.255

[18] http://www.wirtschaftslexikon24.net/d/massenkommunikation/massenkommunikation.htm, Stand 07.10.2012, 17:08 Uhr

[19] http://wirtschaftslexikon.gabler.de/Definition/massenkommunikation.html, Stand 07.10.2012, 16:02 Uhr

[20] Vgl. http://wirtschaftslexikon.gabler.de/Definition/massenkommunikation.html, Stand 07.10.2012, 17:11 Uhr

[21] Vgl. http://www.wirtschaftslexikon24.net/d/massenkommunikation/massenkommunikation.htm, Stand 07.10.2012, 17:11 Uhr

[22] Dieter Otto, 1971, S.92

[23] Vgl. Dieter Otto, 1971, S.92

3. Morphologische Merkmale

Im Folgenden wird auf den Aufbau und die äußeren Merkmale der Großen Roten Waldameise eingegangen. Zur allgemeinen Auffassung findet hier ebenfalls die physiologische Bedeutung im Zusammenhang mit den genannten Körperteilen eine Erwähnung.

3.1. Der Körper

Die F. rufa ähnelt sich mit einigen Artgenossen ihrer Familie der Formicidae, dennoch ist es möglich jede Art exakt zu bestimmen.[24] Die Rote Waldameise bekam ihren Namen aufgrund der rot-bräunlichen Färbung am oberen Brustabschnitt. Innerhalb eines Ameisenvolkes kann die Länge einer Arbeiterin zwischen 4 mm und 9 mm schwanken.[25] Der Körper der F. rufa ist im Wesentlichen in vier Hauptgruppen unterteilt, welche in der Abbildung 1 zu erkennen sind: Dem Kopf, der Brust, dem Stielchen und dem Hinterleib. Aufgrund der starken Behaarung der F.

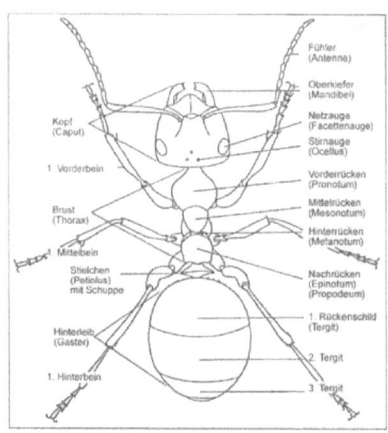

Abbildung 1: Waldameisenarbeiterin, Schema der Körperteile (Dieter Otto, 2005, S.12 aus Bretz 1993, nach Gösswald)

rufa ist ihre Oberfläche rau.[26] Die Außenhülle des Körpers besteht aus einer Chitinhülle, welche sich, laut Otto, nach der Entpuppung ausbildet.[27] Der Rücken, bzw. Brustabschnitt ist in Vorder-, Mittel-, Hinter- und Nachrücken untergliedert. Am Thorax sind sechs Beine befestigt. Auf jeder Seite ein Vorder-, Mittel- und Hinterbein. Die Vorderbeine sind, laut Walter Kirchner, mit einem speziellen Putzapparat ausgestattet und dienen nicht nur der Fortbewegung, sondern auch der eigenen Körperreinigung und Säuberung der Fühler. Zur guten Fortbewegung in rauer Umgebung und für den sicheren Halt an glatten, senkrechten Flächen besitzen die Ameisen jeweils zwei Krallen und ein

---

[24] Vgl. Karl Gösswald, 2012, S.26
[25] Vgl. Ebenda, S.29
[26] Vgl. Dieter Otto, 2005, S.12 - 17
[27] Vgl. Ebenda, S.67 aus Otto 1958a

Haftapparat an den Hinterbeinen.[28] Jedes Bein unterstützt zudem, neben der Halsregion und dem Stielchen, die Wahrnehmung der Schwerkraft, um sich in verwinkeltem Gelände leicht zurecht finden zu können.[29] Das schwarz glänzende Hinterleib schließt sich direkt an das Stielchen an. In ihr liegen die Ovariolen, welches mehr oder weniger gut ausgebildete Eischläuche sind. Normalerweise sind nur die gut ausgebildeten Ovariolen der Königin in einem Volk aktiv, jedoch können auch in seltenen Fällen Arbeiterinnen, im Falle des Todes der Königin, die Eiproduktion in geringem Maße übernehmen. Zusätzlich enthält das Hinterleib die Giftdrüsen mit einem Giftdrüsen-Reservoir für die Ameisensäure. Der Magen und der Kropf, ein Nahrungsspeicher, befinden sich ebenfalls im Hinterleib, welches sich bei hohem Nährstoffbedarf, der Überwinterung oder Fütterung von Stammesangehörigen und der Brut, aufgrund von Zwischenhäuten, auf ein Vielfaches ausdehnen kann.[30,31]

3.2. Der Kopf

Abbildung 2 zeigt den Kopf der Ameise, welcher über zwei Komplexaugen verfügt. Diese bestehen aus einer jeweils sehr hohen Anzahl an Sehkeilen. Zudem befinden sich drei weitere Augen auf der Stirn des Tieres. Die Zusammenarbeit der Augen ermöglicht ein farbliches Erkennen von Raummustern und von linear polarisiertem Licht, welches den Sonnenstand und die Richtung der

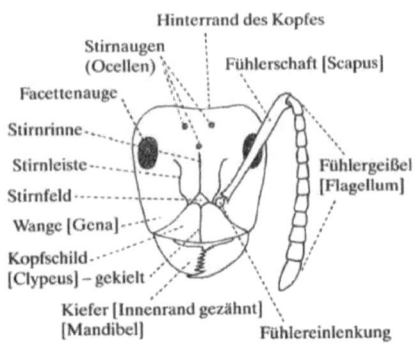

Abbildung 2: Kopf einer Waldameisenarbeiterin (Karl Gösswald, 2012, S.17 aus Kutter)

Lichtstrahlen festzustellen ermöglicht, um die Orientierung beizubehalten.[32] Trotz der hohen Anzahl an Augen sind, laut Maurice Maeterlinck, die Ameisen kurzsichtig und nahezu blind.[33] Die Zunge dient der Nahrungsaufnahme, sowie der Körper- und Brutpflege.[34] Die, gemäß Otto, sehr kräftigen Oberkiefer sind „[...] bewehrte Greif- und

[28] Vgl. Walter Kirchner, 2007, S.21- 22
[29] Vgl. Ebenda S.56 – 57
[30] Vgl. Dieter Otto, 2005, S.49 und S.113
[31] Vgl. Walter Kirchner, 2007, S.21 – 23
[32] Vgl. Ebenda, S.52 – 54
[33] Vgl. Maurice Maeterlinck, 1930, S.110
[34] Vgl. Klaus Dumpert, 1994, S.78 – 79

Kampfwerkzeuge".[35] Die Funktionen der Fühler und Antennen sind sehr komplex. Sie helfen der Ameise Duftstoffe zu unterscheiden und die Luftfeuchtigkeit, den CO_2-Gehalt der Luft, die Temperatur und verschiedene Luftströme wahrzunehmen. Des Weiteren dienen die Fühler der exakten Abtastung und Erkennung von Formen, sowie der Unterstützung der Augen, dem Zurechtfinden im Dunkeln und als Klopfapparat um bestimmte Reize weiterzugeben.[36]

3.3. Besonderheiten der Königin

Im Gegensatz zu den Arbeiterinnen der F.rufa, welche in Abbildung 3 zu sehen ist, besitzt die Königin mit 9-11 mm eine größere Körperlänge. Ihr Hinterleib ist, aufgrund der hohen Anzahl von Eischläuchen praller und hat zudem einen sehr auffälligen Glanz. Da die Flügel am Brustabschnitt befestigt sind, ist dieser länger und kräftiger. Die Flügel werden nach der Befruchtung, dem

Abbildung 3: Formica rufa [Foto: B. Schlick-Steiner] aus Bernhard Seifert, 2007, S.310

Hochzeitflug, von der Königin abgebrochen, bzw. abgeworfen.[37,38] Sie hat zudem einen kleineren Kopf als die Arbeiterinnen, welches, laut Kirchner, auf das weniger entwickelte Gehirn und die fast ausschließliche Aufgabe der Reproduktion von Eiern, von bis zu 300 Stück pro Tag, zurückzuführen ist.[39,40]

3.4. Besonderheiten der Männchen

Dieter Otto beschreibt die Männchen als durchweg schwarz und geflügelt. Sie besitzen einen kleinen Kopf, erreichen jedoch dieselbe Körpergröße wie die Königin. Trotz des kleinen Kopfes verfügt dieser über größer und weiter ausgebildete Komplex- und Stirnaugen, um sich während des Hochzeitfluges schneller orientieren und die zu begattenden Jungköniginnen finden und sicher anfliegen zu können.[41] Die äußerlichen Ge-

---

[35] Dieter Otto, 2005, S.14
[36] Vgl. Walter Kirchner, 2007, S.55 – 56
[37] Vgl. Dieter Otto, 2005, S.14
[38] Vgl. Karl Gösswald, 2012, S.9
[39] Vgl. Walter Kirchner, 2007, S.65
[40] Vgl. Dieter Otto, 2005, S.49 aus Stitz 1939 und Gösswald 1942b, 1951b
[41] Vgl. Karl Gösswald, 2012, S.41 - 42

schlechtsorgane sind auffällig hell und sichtbar. Die Aufgabe der Männchen besteht darin, die Jungköniginnen während des Hochzeitsfluges zu befruchten. Nach diesem Akt sterben die männlichen Ameisen und fallen zu Boden.[42,43]

4. Das Staatenvolk

In diesem Kapitel wird die Basis des Verhaltens der Ameisen beschrieben. Es bezieht sich auf instinktbedingte Handlungen der Großen Roten Waldameisen und deren Grundlagen, sowie auf das Miteinander in einem Staatenvolk. Darüber hinaus wird der jährliche Verhaltenszyklus in seinen Grundzügen näher erläutert.

4.1. Definition Staatenvolk

In einem Staatenvolk übernimmt die Königin die Aufgabe der Erhaltung der Art durch die Produktion von Nachkommen, den Arbeiterinnen, als auch den weiblichen und männlichen Geschlechtstieren. Sie ist fast ausschließlich mit der Eiproduktion beschäftigt. Die Königin ist nicht die Befehlsgeberin, nicht die herrschende Kraft oder die Anführerin des Volkes. Vielmehr ist sie Mutter aller ihrer Arbeiterinnen und Geschlechtstiere und, wie in Kapitel 4.3. und 5.4. noch genauer eingegangen wird, Duftspenderin eines Volkes. Das Verhalten der Tiere in einem Insektenstaat ist angeboren und es leben meist mehrere Generationen in einer Gemeinschaft zusammen, ohne sich in Ihrem Verhalten voneinander zu unterscheiden. Wir Menschen hingegen können uns von einer Generation zur nächsten verändern und verbessern. Staatenbildende Insekten verfügen demnach, gemäß Larson, über ein geringes Lernvermögen, aber haben dennoch ein hoch entwickeltes System des Zusammenlebens, welches auf ihre Instinkte zurückzuführen sei. Die Aufzucht der Brut wird, wie typisch für ein Staatenvolk, nicht von der Mutter getätigt, sondern von den größeren Schwestern, den Brutpflegerinnen. „Die Kinder beteiligen sich [..] an der Aufzucht weiterer Kinder [...]"[44]. Laut Gösswald könne man den Ameisenstaat als Überorganismus definieren, in welchem die Arbeiterinnen die Körperzellen darstellen und die Geschlechtstiere die Geschlechtszellen. Die Königin ist dabei die Keimbahn, aus welcher immer weitere Zellen entstehen. Hierbei ist der gesamte Staat abhängig von der Keimbahn, bzw. der Königin. Stirbt diese, so bleiben weitere Nachkommen aus und der Organismus zerfällt,

---

[42] Vgl. Dieter Otto, 2005, S.15 - 16
[43] Vgl. Dieter Otto, 2005, S.34
[44] Peggy Pickering Larson & Mervin W. Larson, 1968, S.12

der Staat bricht zusammen. Somit ist ein Staatenvolk ein, in der Gemeinschaft lebendes, von der Königin abhängiges Volk, wessen Verhalten angeboren ist und in welchem kein einziges Tier nur für sich lebt.[45,46,47,48]

4.2. Grundlagen des Zusammenlebens

Walter Kirchner definiert die Gesetze, welche das Verhalten und die Handlungen der Ameisen bestimmen durch eine, in den Genen verankerte, Erbanlage. Das Handeln ist gewiss nicht auf jede Situation abgestimmt, jedoch sind es die Gene der Ameisen, welche ihr vorgeben was sie tut. So zählen Verhaltensmuster, wie „[...] die Ernährungsweise, die Art des Nestbaues, der Zeitpunkt der Brutaufzucht und des Hochzeitsfluges, nicht zuletzt der Handlungsspielraum, wie [..] Umweltreize beantwortet werden"[49], zu genetischen bedingten Festlegungen durch das Erbgut. Darüber hinaus herrscht eine sinnvolle Abstimmung zwischen den Verhaltensweisen und dem Körperbau eines Tieres. Bei einer Blattschneiderameise ist, zum Beispiel, das Verhalten erblich so festgelegt, dass es Blattstückchen einträgt um Pilzgärten anzulegen. Dazu ist ihr Körper mit einem scherenförmigen Oberkiefer bestückt und ermöglicht ihr das Abschneiden von Blattstückchen.[50]

4.3. Geruchsuniformität

Die Geruchsuniformität ist ein Teil der Kommunikation der Ameisen und diene, nach Otto „[...] langfristig oder sogar ständig [..]"[51] der Identifizierung von artfremden Ameisen und nestfremden Artgenossen.[52] Jede Ameise hat einen artspezifischen Duft, welcher sich erblich festlege. Somit kann differenziert werden, ob es sich um einen Feind, bzw. Artfremden oder einen Artgenossen handelt. Damit sich die Ameisen einer Art eines Nestes von derselben Art eines anderen Nestes unterscheiden können, gibt es „[...] eine zweite Duftkomponente [...]"[53], anhand welcher zu erkennen ist, dass die Ameise nicht nur der gleichen Art angehört, sondern auch aus einem anderen Volk stammt.[54]

---

[45] Vgl. Peggy Pickering Larson & Mervin W. Larson, 1968, S.11 - 13

[46] Vgl. Karl Gösswald, 2012, S.66 - 67

[47] Vgl. Maurice Maeterlinck, 1930, S.22

[48] Vgl. Dieter Otto, 2005, S.15 - 16

[49] Walter Kirchner, 2007, S.66

[50] Vgl. Walter Kirchner, 2007, S.66

[51] Dieter Otto, 1971, S.103

[52] Vgl. Dieter Otto, 1971, S.103

[53] Dieter Otto, 2005, S.98

[54] Vgl. Dieter Otto, 2005, S.98 aus Lange 1959b und Lange 1960c

Diese zweite Duftkomponente entsteht durch den spezifischen Nestduft, welcher u.a. von Umweltfaktoren, dem im Nest verbauten Material, der Ernährung des Volkes, sowie dem persönlichen Duft der Königin abhängt.[55,56,57] Die F. rufa ist monogyn, d.h. jeder Stamm verfügt über nur eine Königin und hat einen eigenen Duft. Trifft die F. rufa folglich auf einen Nestfremden, sei es ein Mitglied eines anderen Stammes derselben Art, so wird dieser in den meisten Fällen sofort angegriffen. Haben sich begattete Jungköniginnen der F. rufa nach dem Hochzeitflug in ihrem „alten" Nest verlaufen, so werden sie, aufgrund fehlender Duftuniform, von ihren Ex-Arbeiterinnen getötet. Denn kurz nach dem Paarungsflug erhalten die Jungköniginnen ihren persönlichen Duft, welcher sich hormonbedingt nach dem Flügelabwurf ausprägt. Polygyne Staaten mit mehreren Königinnen, wie die der Formica polyctena, besitzen im Vergleich zur F. rufa einen Mischduft. Viele Königinnen eines Stammes tragen zu diesem Mischduft bei und eine erhöhte Verträglichkeit gegenüber nestfremden Artgenossen und anderen Königinnen und Jungköniginnen derselben Art wird somit gewährleistet. Es wird ihnen dadurch eine Zusammenarbeit mit anderen Tochternestern ermöglicht.[58,59]

4.4. „Exkurs" Jahresrhythmus

Aufgrund der Jahreszeiten und den davon abhängigen Außenbedingungen sind die Ameisen gedrungen ihr Verhalten an die Jahreszeiten anzupassen. Die F. rufa ist ein wechselwarmes Lebewesen und verharrt den Winter über regungslos in ca. einem Meter Tiefe und verbringt dort ihre Winterruhe.[60] Die ersten wärmenden Sonnenstrahlen ab der zweiten Märzhälfte bis in den April hinein veranlassen die in sich eingerollten Ameisen die Nestoberfläche aufzusuchen und sich dort dicht gedrängt mit dem gesamten Volk, einschließlich der Königin, über einige Tage in einer so genannten Sonnungstraube zu wärmen. Noch während sich die Tiere sonnen, begibt sich die Königin bereits wieder in das Nest und beginnt sofort mit der Eiproduktion. Nach und nach fangen immer mehr Arbeiterrinnen an die ersten Tätigkeiten, wie „[...] Ausbesserungsarbeiten am Nest [...]"[61], der Fürsorge neu abgelegter Eier und der Nahrungssuche, zu verrichten. Andere Arbeiterinnen sind noch mit der Erwärmung des Nestes be-

---

[55] Vgl. Dieter Otto, 1971, S.104

[56] Vgl. Klaus Dumpert, 1994, S.82 aus Brun 1913 und Lange 1967

[57] Vgl. Karl Gösswald, 2012, S.268 - 269

[58] Vgl. Karl Gösswald, 2012, S.256 - 257

[59] Vgl. Karl Gösswald, 2012, S.66 - 67

[60] Vgl. Dieter Otto, 2005, S.33 aus Eidmann 1943

[61] Dieter Otto, 2005, S.33

schäftigt und transportieren die, durch die Sonnung aufgenommene, Wärme in das Nest. Nach Abkühlung der Wärmetransporterin und Abgabe der Körperwärme an das Nestinnere, begibt sich die Arbeiterin wieder an die Nestoberfläche und sonnt sich erneut, um weitere Wärme ins Nest tragen zu können.[62,63] Die erste Brut, welche von der Königin bereits Ende März abgelegt wird, enthält unter normalen Umständen ausschließlich Geschlechtstiere. Diese Tiere schlüpfen zwischen April und Mai und treten „[...] je nach klimatischer Lage und Witterungslauf [...] bei schwülem Wetter und Sonnenschein [...]"[64] zwischen Mai und Juni den Paarungsflug, bzw. Hochzeitsflug an. Die Männchen sterben nach diesem Akt und fallen zu Boden. Die nun begatteten Jungköniginnen werfen ihre Flügel ab und suchen einen geeigneten Ort für eine Stammesgründung. Nur wenigen von zehntausend Jungköniginnen gelingt dies jedoch. Inzwischen hat die Königin des Hauptnestes bereits die zweite Brut gelegt, aus welcher nun Arbeiterinnen schlüpfen. Bis in den September ist sie kontinuierlich mit der Produktion von Eiern und der Ablage dieser beschäftigt. Die alten und neuen Arbeiterinnen gehen in diesem Zeitraum verschiedenen Aufgaben, wie dem Aufziehen von Arbeiterinnen, dem Nahrungserwerb, der „[...] Nestbau, -instandhaltung und –reinigung, überhaupt [..] allen Arbeiten, die zur Erhaltung des Volkes notwendig sind"[64] nach. Da die Königin die Eiablage im September beendet, ist „[...] das Volk ab Oktober ohne Brut [..]"[65]. Ab dann, bis November, sind die Arbeiterinnen fortweg mit dem Auffüllen ihres körpereigenen Nährstoffspeichers beschäftigt. Dieser Vorrat dient allerdings nicht der eigenen Versorgung mit Nährstoffen während der Kältestarre, sondern dem gesamten Volke im Frühling. Er wird genutzt um ausreichend Energie für erste Arbeiten bereitzustellen und Tätigkeiten, wie „[...] die erste Brut, die Geschlechtstierbrut [...]"[65] mit Nahrung zu versorgen, verrichten zu können. Nicht selten ist das Nahrungsangebot Ende März sehr beschränkt. Mit sinkenden Außentemperaturen ziehen sich die Ameisen gegen November zurück in die Tiefe des Nestes und verharren dort starr, bis sie wieder von den ersten wärmenden Sonnenstrahlen Ende März geweckt werden.[66,67]

---

[62] Vgl. Dieter Otto, 2005, S.33 – 35
[63] Vgl. Ebenda S.91 – 93
[64] Dieter Otto, 2005, S.34
[65] Ebenda S.35
[66] Vgl. Dieter Otto, 2005, S.34 – 36
[67] Vgl. Ebenda, S.91 – S.93

5. Sinnesorgane und Möglichkeiten der Kommunikation

Dieser Abschnitt fasst alle Varianten der Kommunikation der Großen Roten Waldameise. Eine Beschreibung der Sinnesorgane und deren Verwendung ist in diesem Kapitel zu finden.

5.1. Signalempfänger

Da der Körper der Ameise, wie bereits erwähnt, von einer festen Chitin-Cuticula um-
geben ist, welche dem Körper der Tiere ihre Form und Stabilität gibt, sind die Ameisen,
laut Gösswald, auf spezielle Sinnesorgane angewiesen. Diese Organe verbinden die
äußeren Reize mit dem inneren Nervensystem. Hierfür werden haarförmige Sinnesorgane, die Sensillen, verwendet, welche die äußeren Reize „[...] durch feine Poren,
Membrane oder Gelenke [...] an Sinneszellen weiterleiten."[68]. Sensillen befinden sich an
verschiedenen Teilen des Insektenkörpers, jedoch am häufigsten an den Fühlern.
Anhand der Struktur ist allerdings nicht festzustellen, ob es sich bei einer Sensille um
einen Rezeptor für „[...] Geschmack, Geruch, Feuchtigkeit, Temperatur oder mechanische Reize [..]"[68] handelt. Weitere Kommunikations- und Verständigungsreize, welche mit den Sensillen wahrgenommen werden können und dadurch entsprechende Re-
aktionen hervorrufen können, sind, neben der Fühlersprache und den Klopf- und Stridu-
lationstönen, die chemischen Reize, bekannt als Pheromone.[69,70] Ferner werden Signale
und Reize mit den Augen wahrgenommen, welche eng mit den Fühlern zusammen-
arbeiten und eine gesteigerte Wahrnehmung und Orientierung ermöglichen.[71]

5.2. Die Fühler

Wie bereits erwähnt, nehmen die Fühler die Reize der Umwelt durch Betastung und anhand von Gerüchen wahr und ermöglichen somit eine Orientierung auch in lichtarmen
Orten, wie den Nestkammern. Die Antennen sind, laut Otto, in 12 bewegliche Glieder
eingeteilt, welche je „[...] eine Vielzahl von Sinnesorganen [...]"[72] trägt. Es lassen sich
fünf Typen von Sinnesorganen unterscheiden. Jedoch sind viele der Funktionen der Sinnesorgane noch unklar und unzureichend erforscht. Weiter unterscheidet sich die linke
von der rechten Antenne. Gemäß Otto können die Ameisen mit den Antennen „[...]

---

[68] Karl Gösswald, 2012, S.246
[69] Vgl. Karl Gösswald, 2012, S.246 und S.254
[70] Vgl. Ebenda, S.254 aus Feigl, 1974
[71] Vgl. Dieter Otto, 2005, S.131
[72] Dieter Otto, 2005, S.131

Tast- und Geruchsreize wahrnehmen [..].“[73] Wasmann und Escherich unterscheiden folgende Bedeutungen in der Fühlersprache: „Aufforderung zur Fütterung, [...] Anregung des Nachahmungstriebes [...], Anregung zur Nachfolge als Futteralarm, [...] Gefahrenalarmierung; Stimulierung zu Angriffs- oder Fluchtverhalten [...], Anregung zum Aufbruch einer Sklavenexpedition [...] durch Fühlerschläge“[74] und dem Nestwechselverhalten, welches durch Schläge auf den Kopf ausgelöst wird.[75] Darüber hinaus erwähnt Otto, dass die Tiere keine Informationen oder Hinweise mit ihren Fühlern übermitteln können, sondern lediglich durch ihre „[...] Körperbewegungen und Antennenschläge ihre Gefährtinnen aktivieren und mobilisieren [...]“[76].

5.3. Akustische Verständigung

Ameisen können sich auch durch Klopf-, Trommel- und Zirplaute verständigen. Oft werden diese akustischen Reize in Alarmsituationen verwendet. Allerdings besitzen die Tiere keine Organe zur Wahrnehmung von Tönen, bzw. zur Wahrnehmung von Luftschwingungen. Nach Otto können nur Töne oder Geräusche erkannt werden, wenn „[...] die Bewegung der Luftteilchen durch die Schallwellen stark genug [...]“[77] ist. Diese Reize, bzw. Vibrationen werden über die Beine der Tiere gespürt. Die Vorderbeine sind hierbei „[...] zehnfach empfindlicher als die Mittel- und Hinterbeine [...]“[78]. Klopf- und Trommellaute werden durch ein rhythmisches Aufschlagen auf einen Untergrund mithilfe des Kopfes oder des Hinterteiles erzeugt. So verwenden holzbewohnende Ameisen, welche in einem stabilen Nest leben, diese Reize, um sich bei Gefahrensituationen schnell zu verständigen. Denn oft ist es für die chemischen Reize nicht möglich die stabilen Wände zu durchdringen und einen schnellen Informationsaustausch zu garantieren. Die entstandenen Vibrationen werden über „[...] die Tasthaare der Fühler [...]“[77] an den Beinen registriert. Viele Arten der Stachel- und Knotenameisen sind außerdem in der Lage, mithilfe von Stridulationsorganen, Zirplaute zu erzeugen. Dennoch sei es für den Menschen fast unmöglich diese Töne zu vernehmen. Manche Ameisenarten können Schwingungen zwischen 0,5 bis 5 kHz durch das Aufschlagen erzeugen. Das menschliche Gehör nimmt jedoch nur einen Frequenzgang von 20 Hz bis 20 kHz war.[79,80] Unter

---

[73] Ebenda S.132

[74] Karl Gösswald, 2012, S.256 aus Wasmann 1909 und Escherich 1917

[75] Vgl. Karl Gösswald, 2012, S.256 aus Wasmann 1909 und Escherich 1917

[76] Dieter Otto, 1971, S.93

[77] Dieter Otto, 1971, S.94

[78] Ebenda, S.95

[79] Roland Enders, 2003, S.94

Verwendung eines Dornes oder einer scharfen Kante, welche über „[...] eine gerillte Platte [...]"[81] am Hinterleib gezogen wird, entsteht ein Zirpen. Diese Zirplaute finden häufig Anwendung bei Blattschneiderameisen. Werden diese verschüttet, so ist es möglich Schwingungen zu erzeugen, welche aufgrund der entstandenen Bodenvibrationen, mit den Tasthaaren der Beine von anderen Nestgefährtinnen vernommen werden können. Diese Alarmfunktion erhöht die Chance aufgefunden und ausgegraben zu werden. Ferner steht die Schallernergie, bzw. die Lautstärke der Zirplaute, gemäß Markl, in Abhängigkeit mit der Größe der Ameise. So ist der erzeugte Ton einer großen Ameise lauter, als der einer kleineren.[80,82,83]

5.4. Pheromone – chemische Botenstoffe

5.4.1. Definition

Larson zufolge sind Pheromone „[...] eine chemische Substanz, die von einem Tier ausgeschieden und als Duft- oder Geschmacksstoffe von einem anderen Tier derselben Art aufgenommen wird."[84]. Pheromone dienen als chemische Informationsübermittler, dessen Information ein gewisses Verhalten, bzw. eine gewisse Reaktion auszulösen vermag. Wie schon erwähnt finden die Pheromone einen breiten Anwendungsbereich im alltäglichen Leben der Ameisen. Sie können bei der Identifizierung nestfremder Arten helfen, als Duftspuren verwendet werden und lebenswichtige Alarmsignale vermitteln. Weiter sind sie hauptverantwortlich für das Verhalten und für die Fürsorge der Arbeiterinnen gegenüber ihrer Brut und der Königin und regeln den, im Sinne des Staates, Zusammenhalt der Ameisen eines Volkes, bzw. einer Art.[85]

5.4.2. Düfte statt „Liebe"

Das Verhalten, insbesondere das Pflegeverhalten der Ameisen basiert, laut Larson, nicht wie angenommen auf „[...] Liebe noch Pflicht, sondern auf Geruch und Geschmack [...]"[86]. So scheidet die Königin Pheromone über ihre Hautdrüsen aus, welche auf die Arbeiterinnen attraktiv wirken. Diese belecken und betreuen die Königin demnach auf-

---

[80] Vgl. Dieter Otto, 1971, S.94 – 95

[81] Walter Kirchner, 2007, S.76

[82] Vgl. Walter Kirchner, 2007, S.76 – 77

[83] Vgl. Klaus Dumpert, 1994, S.43 aus Markl 1973a

[84] Peggy Pickering Larson & Mervin W. Larson, 1968, S.156

[85] Vgl. Peggy Pickering Larson & Mervin W. Larson, 1968, S.156 – 158

[86] Peggy Pickering Larson & Mervin W. Larson, 1968, S.158

grund derer Ausscheidungen. Zudem sondert die stammeseigene Brut, ebenfalls wie die Königin, schmackhafte Sekrete aus, welche die Arbeiterinnen dazu bewegt, die Brut zu belecken, zu schützen und vor dem Austrocknen zu bewahren. So registrieren die Brutpflegerinnen stetig die Temperatur und Luftfeuchtigkeit im Nest und führen, bei eventuellen Änderungen, einen sofortigen Umzug in andere günstiger gelegene Nestkammern durch, um den Erhalt der Brut, bzw. derer Sekrete zu gewährleisten.[87,88,89]

5.4.3. Markierung von Wegen

Wurde von den Außendienstarbeiterinnen eine Nahrungsquelle entdeckt, so markieren sie ihren Rückweg mit Pheromonen. Die ausgesprühten Duftstoffe leiten wiederum anderen Stammesangehörigen den Weg vom Nest zur Nahrungsquelle. Empfinden diese Ameisen die gefundene Quelle ebenfalls als lohnend, so markieren auch sie ihren Rückweg zum Nest. Dadurch verstärkt sich die Duftspur und leitet mehr Tiere zur Futterquelle.[90,91] Die Duftspuren halten im Normalfall nur eine kurze Zeit, jedoch „[...] von vielen Ameisen hintereinander erzeugt, wird sie zur bleibenden Duftstraße."[92] Solche Straßen führen bei der F. rufa nicht selten auf hoch gelegene Baumkronen, wo Blattlauskolonien anzutreffen sind, welche, aufgrund ihrer nährhaften Ausscheidungen, für die F. rufa wichtige Nahrungsquellen bilden.[93] Gemäß E. O. Wilson enthalten die gelegten Duftstoffe bei einigen Ameisenarten Informationen „[...] über die Richtung und Entfernung [..]"[94] des gefundenen Nahrungsplatzes. Verändert sich die Lage einer Quelle oder verschwindet diese, so kann sich die Straße verschieben, durch eine geringere Nutzung schrumpfen oder sogar verschwinden. Die Verständigung mittels Duftspuren ist bei Waldameisen, bis auf die Spur in lausbesetze Bäume weniger ausgeprägt und tritt nur bei seltenem Nahrungsmagel, sowie bei Orientierungshilfen junger Außendienstarbeiterinnen ein.[95] Die jagenden Mitglieder der F. rufa nutzen die Straßen nicht oder nur teilweise. Sie durchstreifen das Gelände breitflächiger. Treffen sie auf eine Futterquelle oder ein Insekt, welches sie bekämpfen konnten, so nehmen sie etwas Nahrung auf und legen eine Geruchsspur zurück zum Nest, um den futterholenden Ameisen den

---

[87] Vgl. Peggy Pickering Larson & Mervin W. Larson, 1968, S.156 – 158
[88] Vgl. Dieter Otto, 2005, S.65 – 66
[89] Vgl. Dieter Otto, 1971, S.104 – 105
[90] Vgl. Dieter Otto, 2005, S.73
[91] Vgl. Peggy Pickering Larson & Mervin W. Larson, 1968, S.154 – 155
[92] Peggy Pickering Larson & Mervin W. Larson, 1968, S.155
[93] Vgl. Dieter Otto, 2005, S 74 – 75
[94] Peggy Pickering Larson & Mervin W. Larson, 1968, S.155
[95] Vgl. Karl Gösswald, 2012, S.292 aus Horstmann 1976 und Rosengren 1971

Weg zum Fundort zu leiten. Im Gegensatz zu den konstanten Straßen in die lausbe-setzten Baumkronen, verändern sich diese Wege, aufgrund des „[...] ständig wech-selnden Angebotes [...]"[96] sehr häufig. Wird eine Duftspur unterbrochen, bzw. ver-wischt, so kommt es zu Blockierungen auf beiden Seiten, die der rückkehrenden und die der vom Nest kommenden, futterholenden Ameisen. Die Tiere suchen zuerst ihre nähere Umgebung ab. Ein Überqueren dieser duftfreien Stellen ist vorerst unmöglich. Erst ein dichtes Gedränge lässt die Ameisen weiter vorrücken. Die verwischte Stelle wird von rückkehrenden Ameisen wieder aufgefrischt.[97,98]

5.5. Futteraustausch - Die Trophallaxis

Die Verteilung der Nahrung auf das gesamte Volk und jedes einzelne Tier bezeichnet man als Trophallaxis. Hierbei wird, laut Otto, „[...] die Nahrung über viele Zwischensta-tionen auf alle Nestbewohner bis hin zur Königin und zu den Larven verteilt."[99]. Eine besonders starke Form dieser Kommunikation ist bei den Arten der Formica-Gruppe zu beobachten. Da die Hauptkonsumenten der Nahrung die Königin und die Brut sind, ent-steht ein ständiger Futterstrom unter den Ameisen. Demzufolge tauschen die Futterho-lerinnen ihre Nahrung zu erst gegenseitig aus, bis sie auf Innendienstarbeiterinnen tref-fen. Diese geben wiederum ihre Nahrung an ihre Schwestern weiter. Schließlich trifft die Nahrung auf die Endverwerter, die Königin und die Brut, das letzte Glied im Strom der Nahrung. Es sei zu erwähnen, dass die Ameisen sich ihren Futteraustauschpartner nicht willkürlich aussuchen, sondern die Stammesmitglieder „[...] mit stärkerem Nest-geruch [...]"[100] bevorzugen.[101,102] Durch spezifisches Signalisieren, wie schnellen Schlä-gen mit den Vorderbeinen oder dem Betasten des Kopfes der Futterspenderin mit den Fühlern, kann eine hungrige Ameise diese zur Abgabe von Futtertropfen bewegen.[103] Unter Trophallaxis ist ein ständiger Prozess der Aufnahme und Abgabe von Nahrung unter allen Tieren eines Volkes zu verstehen, obgleich eine Ameise hungere oder ihr Kropf gefüllt sei. Gemäß Larson wird, wie in Abbildung 4 zu sehen, bei einer Be-gegnung zweier Ameisen kurz ein Tropfen Nahrung ausgetauscht. Dieser Futtertropfen

---

[96] Dieter Otto, 2005, S.73
[97] Vgl. Dieter Otto, 2005, S.73
[98] Vgl. Ebenda S.119
[99] Dieter Otto, 1971, S.106
[100] Ebenda, S.107
[101] Vgl. Klaus Dumpert, 1994, S.77
[102] Vgl. Dieter Otto, 1971, S.106 – 107
[103] Vgl. Klaus Dumpert, 1994, S.79

enthält „[...] allerlei Neuigkeiten: über die Art der eingebrachten Nahrung, über die An- und Abwesenheit der Königin, die Zahl und den Entwicklungsstand der Brut, die Gäste und Parasiten und anderes [..]"[104]. Die eingespeicherte Nahrung, bzw. die Futtertropfen, bestehen aus Fetten und Kohlenhydraten. In den Fetten wurden „[...] Glycerol- und Choles-

Abbildung 4: Trophallaxis (sozialer Futteraustausch) bei Formica rufa [Foto: B. Schlick-Steiner] aus Bernhard Seifert, 2007, S.310

terolester [...]"[105] und in den Kohlenhydraten „[...] Glucose, Fructose und Maltose [..]"[105] nachgewiesen.[106] Zuletzt sei zu erwähnen, dass die männlichen Ameisen, laut Otto, mit Beginn des Schwarm- und Sexualtriebes ihr soziales Verhalten, insbesondere das Verhalten der Futterverteilung, ablegen und sich bis zu dem Hochzeitsflug selbst ernähren und ihre Körperfettreserven verwerten. Demzufolge werden die Männchen nicht mehr gefüttert und geben selbst auch keine Nahrung mehr weiter.[107]

---

[104] Peggy Pickering Larson & Mervin W. Larson, 1968, S.157
[105] Klaus Dumpert, 1994, S.78
[106] Vgl. Klaus Dumpert, 1994, S.78
[107] Vgl. Dieter Otto, 1971, S.114

6. Fazit

Auf die These bezogen: „Ameisen sind in ihrem Staatenvolk fähig zur Kommunikation, aber nicht kommunikativ." lässt sich schlussfolgern, dass Ameisen nicht weiter kommunikativ als erforderlich sind und, über die Notwendigkeit des Zusammenlebens und Überlebens hinaus, mit ihren Artgenossen nicht zusätzlich kommunizieren. Nach unserem Verständnis, unserer Definition von Kommunikation und dem jetzigen Stand der Wissenschaft, lässt sich die These bestätigen. Ameisen sind nicht kommunikativ, bzw. redselig. Nichtsdestotrotz verfügen sie über komplexe, hoch entwickelte und sensible Kommunikationsmöglichkeiten und -fähigkeiten und führen damit schon seit tausenden von Jahrmillionen ein erfolgreiches Dasein. Daher sei nicht auszuschließen, dass es keine andere zusätzliche Kommunikation unter ihnen gäbe. Unser heutiger Wissenstand verrät uns sicherlich schon jede Menge über diese faszinierenden Lebewesen. Allerdings sind viele Botenstoffe unzureichend untersucht und ein Großteil der Verhaltensmerkmale noch unklar. Vielleicht werden wir in den nächsten Jahrzehnten neue Entdeckungen machen und vielleicht können wir sogar etwas von ihnen lernen. In der Zeit meiner Ausarbeitungen und Untersuchungen für diese Facharbeit konnte ich viele Verhaltensweisen und Verständigungsmerkmale an meiner eigenen Ameisenfarm zu Hause beobachten und bestätigen. Es stellt sich mir generell die Frage, ob die Ameisen neue Möglichkeiten der Kommunikation hervorbringen werden. Können sie ihre Fähigkeiten der Kommunikation, ihrer Überlebens- und Zusammenlebenskunst so nutzen, dass sie sich weiterentwickeln bzw. an die sich schnell ändernde Umwelt anpassen können? Abschließend möchte ich eine offene Frage stellen, die mich zum Nachdenken anregt: Wie würde die Welt wohl riechen, wenn wir Menschen über chemische Botenstoffe kommunizieren würden?

7. Zusammenfassung

Das Thema dieser Facharbeit ist „Das Kommunikationsverhalten von Staatenvölkern am Beispiel der Ameisen". Die These dieser Arbeit lautet: „Ameisen sind in ihrem Staatenvolk fähig zur Kommunikation, aber nicht kommunikativ." Die Forschungsmethode basiert auf einer ausführlichen Untersuchung von Primär- und Sekundärliteratur. Nach der Definition der Kommunikation, geht der Autor über die morphologischen Merkmale der F. rufa auf den Begriff des Staatenvolkes, einer ausführlichen Analyse der Sinnesorgane und der Möglichkeiten der Kommunikation einer Ameise, hin zum Fazit.

Die für die These relevanten Recherchen ergaben, dass Ameisen nicht weiter kommunikativ als erforderlich sind und, über die Notwendigkeit des Zusammenlebens und Überlebens hinaus, mit ihren Artgenossen nicht zusätzlich kommunizieren. Dementsprechend muss man nach dem heutigen Stand der Wissenschaft der These insofern zustimmen, dass Ameisen Kommunikation betreiben, jedoch nach unserem Sinne der Kommunikation, nicht kommunikativ sind. Als weiteres Ergebnis dieser Arbeit stellt sich heraus, dass chemische Botenstoffe und die Funktionen der Fühler unerlässlich für die Kommunikation in einem Staatenvolk der Ameisen sind. Letzlich sind die Ameisen in ihrem Staatenvolk abhängig von der Königin, hüten jedoch ihren Stamm aufgrund instinktiven Handelns und duftgesteuerten Verhaltensweisen und nicht, wie im Allgemeinen fälschlich angenommen durch Befehlsgabe der Königin.

8. Anhang

I. Literaturverzeichnis

Dumpert, K.: in: Verlag Paul Parey, Berlin und Hamburg (Hrsg.): Das Sozialleben der Ameisen, 2., neuberarbeitete Auflage, Berlin, 1994

Enders, R.: Der Weg zu optimalen Aufnahmen, in: GC Carstensen Verlag (Hrsg.): Das Homerecording Handbuch, 3. überarbeitete Auflage, München, 2003

Gabler: in: Gabler Verlag (Hrsg.): Marketing Lexikon, 1. Auflage, Wiesbaden, 2001

Gösswald, K.: Biologie, Ökologie und forstwirtschaftliche Nutzung, in: AULA-Verlag GmbH (Hrsg.): Die Waldameise, 1. Auflage, Wiebelsheim, 2012

Kirchner, W.: Biologie und Verhalten, in: Verlag C. H. Beck (Hrsg.): Die Ameisen, 2. Auflage, München, 2001

Larson, P. P. & M. W.: Aus dem Leben der Wespen, Bienen, Ameisen und Termiten, in: Verlag Paul Parey (Hrsg.): Insektenstaaten, 1. Auflage, Hamburg, 1968

Maeterlinck, M.: in: Deutsche Verlags-Anstalt (Hrsg.): Das Leben der Ameisen, 1. Auflage, Stuttgart, 1930

Natura: in: Ernst Klett Verlag GmbH (Hrsg.): Biologie für Gymnasien, 1. Auflage, Stuttgart, 2005

Noelle-Neumann, E., **Wilke**, J., **Schulz**, W.: in: Fischer Taschenbuch Verlag (Hrsg.): Fischer Lexikon Publizistik, 1. Auflage, Frankfurt/M., 2009

Otto, D.: Formica rufa L. und Formica polyctena Först., in: Westarp Wissenschaften-Verlagsgesellschaft mbH (Hrsg.): Die Roten Waldameisen, 3. überarbeitete und erweiterte Auflage, Hohenwarsleben, 2005

Otto, D.: in: Urania Verlag (Hrsg.): Ameisen – Leben im Tierstaat, 1. Auflage, Leipzig, 1971

Seifert, B.: in: lutra Verlags- und Vertriebsgesellschaft (Hrsg.): Die Ameisen Mittel- und Nordeuropas, 1. Auflage, Görlitz, 2007

II. Internetquellen

Gabler u.a.: Kommunikation, in:
http://wirtschaftslexikon.gabler.de/Definition/kommunikation.html, (vom 07.10.2012, 11:59 Uhr)

Gabler u.a.: Massenkommunikation, in:
http://wirtschaftslexikon.gabler.de/Definition/massenkommunikation.html (vom 07.10.2012, 17:11 Uhr)

Wirtschaftslexikon24 u.a.: Kommunikation, in:
http://www.wirtschaftslexikon24.net/d/kommunikation/kommunikation.htm (vom 07.10.2012, 16:36 Uhr)

Wirtschaftslexikon24 u.a.: Massenkommunikation, in:
http://www.wirtschaftslexikon24.net/d/massenkommunikation/massenkommunikation.htm (vom 07.10.2012, 17:11 Uhr)